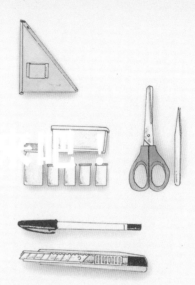

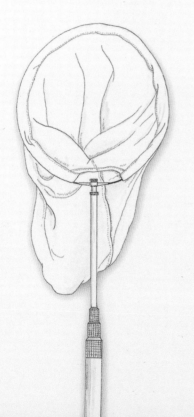

不是很远的以前，

城市里没有高楼大厦和汽车，

没有电脑游戏，iPad 和手机……

我们和小草小花做朋友，也和蜗牛蝴蝶捉迷藏。

我们在自家后院的草筐里养蜘蛛，

在夏夜里用蚊子喂墙上的小壁虎。

我们用生平第一个望远镜观察落在院墙上的斑鸠，

用小药瓶收集秋天树上落下的果实……

自然就在我们身边，自然也是我们的游乐场！

如今环境变化了，很多东西消失了，

但小朋友的好奇心没有变。

自然依然无私地将它的宝藏带给我们。

热爱自然的小朋友们，一起来吧！

只要你有一双发现的眼睛，

有一颗热爱自然的心，

就能感受到大自然的奇妙；

热爱自然的小朋友们，一起来吧！

用你的智慧和双手，

收藏最美的自然！

这是属于 ＿＿＿＿＿＿＿ 的自然观察笔记

从今天开始我正式开始观察和记录大自然了！

今天的时间是 ＿＿＿＿＿＿＿＿

我喜欢自然万物，我希望用我的双眼和双手去发现四季中万物的变化。

我知道这不是容易的事情，这是一个需要坚持和探索的过程，不过我乐在其中！

加入自然观察的行列，我最感兴趣的是：

＿＿＿＿＿＿＿＿＿＿＿＿＿＿＿＿＿＿

＿＿＿＿＿＿＿＿＿＿＿＿＿＿＿＿＿＿

＿＿＿＿＿＿＿＿＿＿＿＿＿＿＿＿＿＿

我希望自己从中的收获是：

＿＿＿＿＿＿＿＿＿＿＿＿＿＿＿＿＿＿

＿＿＿＿＿＿＿＿＿＿＿＿＿＿＿＿＿＿

＿＿＿＿＿＿＿＿＿＿＿＿＿＿＿＿＿＿

现在让我们开始神奇的自然观察之旅，去收藏属于我的四季吧！

预习：自然观察达人养成术

❶ 你真的知道什么是"观察"么？

每一天，自然界都发生着神奇的变化。有些是我们一看就可以知道的，而有些则需要细致的观察，你才可以认识它、了解它。那么，让我们来看看什么才是"观察"：

观察
不仅仅是
"看"！

观察的 6 要素

有目标

有计划

相对持久

重复多次

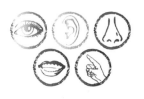

运用不同感官

使用工具

② 观察会用到的工具

说到观察，我们经常会用到一些观察工具，你知道它们的用途都是什么？想一想，在什么样的情况下，你会用到它们？请将你脑中的答案写在横线上吧！

_____

_____

_____

_____

_____

_____

_____

_____

自然观察要用到的工具还远远不止这些，小朋友们要根据自己的观察任务来选择最适合的工具哦！

❸ 去哪里观察和收藏大自然

大自然并不仅是郊外的田野和森林，想一想，我们都可以到什么地方观察和收藏大自然，什么时间去做呢？

请将你想到的先写下来，后面我们来看看到底如何做？

植物

昆虫

鸟类

鱼类

现在就让我们开始，跟随四季的脚步，
一起去寻找大自然的宝藏吧！

春

春天来了，植物蓄积了一个冬天的能量，好像突然间就爆发了。

紫花地丁和蒲公英早早开遍了小区的草坪。柳树的嫩芽在枝条上露头了。丁香和连翘的花朵在枝头绽放，露出笑脸。

春天是一年最美好的季节，一起来探究你的身边发生的植物故事吧。

观察春天的植物，你会用到这些工具：

调动五官的植物观察方法：

◆ 看一看，闻一闻，尝一尝；再用手摸一摸，揉一揉。亲自感受植物的枝、茎、花、叶、根和果实，想一想它们像什么，尝试用语言描述它们。

◆ 为植物建一个档案，把它们的样子和你的所思所感记录下来。

◆ 用笔把它的样子画下来。

◆ 用照相机拍下最美的花朵和最嫩的新芽。

◆ 查一查植物图鉴，了解更多关于这株植物的故事，以及它的兄弟姐妹。

建立植物小档案

春天里，仔细观察小区里的草坪、墙角边、绿地，新生命已经萌芽开花，让我们一起为他们建立植物小档案吧！

学名：诸葛菜

别名：二月兰，紫金草

科属：十字花科，诸葛菜属

看

花：浅紫色的花朵，直径 2~4 公分。花瓣有 4 片，十字展开，花蕊呈微黄色。花期在每年 3 月到 5 月。

叶：靠近根部的叶片是心形的，有钝齿；茎上的叶片是卵形的。

茎：草本的茎，高 10~50 厘米，光滑，浅绿色或带紫色。

果实：仔细看才能发现，细细长长的，很容易和茎搞混。打开果实，里面有一粒一粒小米粒大小的种子。

环境：生长于小区的墙角边，公园的树下和浅沟里，看来它们对日光的要求不高。

闻　味道清淡，微香　　摸　叶片和茎都很光滑，无毛无刺

其它记录

1. 名字的由来？

二月兰每年农历二月开花，所以叫二月兰。传说当年诸葛亮带兵由于粮食不足，他让士兵们种植和采摘这种菜来充实军粮，所以得名"诸葛菜"。

2. 和平之花

在日本，它叫"紫金草"，传说抗日战争期间一个日本兵将南京紫金山脚下的二月兰种子带回日本，几十年，小小的二月兰也开遍了日本，2007 年他的儿子为南京大屠杀纪念馆捐赠了紫金草花园。因此二月兰有"和平之花"的美誉。

练习：用同样的办法为小区里其它的植物建立档案吧！

学名：荠菜

别名：

科属：

学名：紫花地丁

别名：

科属：

动手画一画吧

练习：用同样的办法帮助小区里其它的植物建立档案吧！

学名：蒲公英

别名：

科属：

其它你观察到的植物

（把照片贴这里吧）

学名：

别名：

科属：

动手画一画吧

我的植物比较学笔记

都说连翘和迎春是姐妹，好多人都傻傻分不清楚。
找到一株连翘，再找到一株迎春花，调动你的感官去比较一下它们的不同吧！

小窍门：

大家可以把几张照片用APP 的"拼图"功能编辑在一张照片文件中进行打印，再剪裁招贴在自然笔记中，可以节省相纸和成本。

我的记录	连翘（贴照片处）	迎春花（贴照片处）
花朵		
花苞		
枝条		
果实		

我的植物比较学笔记

仔细观察一下这两种，猜猜看哪个是樱花，哪个是桃花？
再看看你的周围是不是有很多相似的花朵，观察并记录他们吧！

我的记录			（贴照片处）	（贴照片处）
名字	桃花	樱花		
花朵				
花苞				
枝条				
果实				

寻找春天的花朵

把你找到的各色花朵制作成标本，粘贴在这里吧。猜猜看，找到的花朵里哪种颜色的花最多？

你有找到没有花瓣的花么？

夏

夏天，艳阳高照，天气可真热啊！

知了在树梢上叫个不停；金龟子钻出泥土，慢悠悠的爬上大柳树。

我们来到野外，受邀参加昆虫们一年一度的聚会，亲手制做专属自己的"夏天里的收藏"。

观察夏天的昆虫，你也许会用到这些工具：

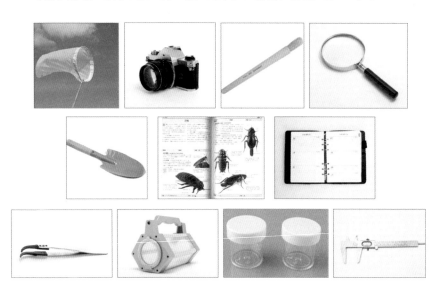

有了工具是不是就可以大胆地去野外捕捉昆虫了？

 等等！ 一定要注意一下几点：

◆ 昆虫在我们生活中的数量越来越少了，所以我们最好在自然状态下观察昆虫，或者观察后把它们放回大自然。

◆ 不要捕捉受到保护和濒临灭绝的昆虫。

◆ 观察昆虫要注意安全，避开水塘、沼泽、悬崖等危险地方。

野外的昆虫观察日记

昆虫无处不在，
但找到它们需要耐心。

要想找到昆虫，首先要了解昆虫。

卷象喜欢赤杨和刺槐，它把卵产在树叶做的摇篮里；

瓢虫的食物是蚜虫，那么就去花园里找找，翻开叶片也许它就在那里乘凉；

蜻蜓的幼虫生长在水里，它们用两年时间蜕皮羽化为成虫，所以湖泊、河流、池塘附近是蜻蜓的家园。

用小花铲翻一翻树下的泥土，看看是不是有昆虫栖身，也许会收获昆虫的卵。

贴照片处

用小饼装一块水果糖，浅埋在土里，瓶口用石块轻轻盖着，留着缝，看看多久会有昆虫光顾，它们又是谁呢？

贴照片处

晃动一下树枝，把雨伞倒过来在树下接着，看看伞中的收获吧！

贴照片处

我的昆虫观察日记

_____ 年 _____ 月 _____ 日　天气 _____　地点 _____

昆虫的变身记——独角仙的一生

卵：一生的开始

独角仙的产卵季一般都在每年夏天的 5 ~ 8 月，交配过的母虫会钻入腐植土下产下宝宝！

幼虫

10 天左右的卵期过后，从卵中孵化出的幼虫。幼虫在地下以腐叶为食。

转龄

幼虫总共分为 3 个阶段，它们之前的过渡叫做"转龄"，"转龄"过后幼虫的体积也不断增大！

前蛹时期

在泥土中做出鸡蛋形的房子，准备成蛹！

蛹

蛹红彤彤的，已经有成虫的模样喽！

羽化

成蛹 20 天后，破蛹而出的雄性独角仙，身体还是软软的哦！

成虫

一周左右，身体的盔甲就变硬了，外表是不是很威武？

昆虫的变身记　让我们记录它的一生……

观察自然界里昆虫的一生并不容易，但是经过坚持不懈的细致观察，我看到了一些昆虫的生命片段，让我把他们记录下来：

时间	地点	物种名称	我的记录 （物种的变化、特点、有趣的事）	画一画 / 照片

注：宠物店里有时也会有作宠物的昆虫在售卖，甲虫，蚂蚁之类的，可以买来观察；养蚕也是观察昆虫一生的好办法。

绘制我自己的昆虫地图

选取一个我熟悉且易于观察的区域，用我相机和笔记本帮助记录，然后绘制一幅我自己的昆虫地图！

物种说明

物种说明

夜间的昆虫课

如果小朋友们夜间去野外观察昆虫，你还需要带上下面这几样工具。害怕蚊子的小朋友，记得穿上长衣长裤啊～

头灯　　　　　　　手电　　　　　　　防蚊药

蛾子为什么喜欢灯光？

蛾子通常会按照与月亮光线相垂直的方向飞行，如果有与月光相似的灯光，蛾子就会以小于 90 度的角度飞过去。我们经常见到蛾子围着灯泡转圈飞行，这是蛾子为了保持角度和平衡，不断调整自己的飞行轨迹的结果。

夏天的晚上，灯光可以引来蛾子、甲虫、蜉蝣等昆虫，当然还有讨厌的蚊子。如果我们把灯光换成煤油灯和白色的幕布，就可以看到更多的昆虫，这可是观察它们的好时候，看看都有什么收获吧！让我把光顾幕布的昆虫都画下来！

我的夏天收藏

昆虫越来越少了，虽然昆虫标本很漂亮，但对昆虫却太残忍了，其实昆虫留下的痕迹也值得收藏。比如：被金龟子吃过的栎树的树叶，油蝉褪下来的壳，彩粉蝶断裂的翅膀，或者掉在地上死去的瓢虫……所有这些都是夏天珍贵的收藏。

秋

再一次来到公园感受自然的力量，
一夜之间，满地尽是"黄金甲"，
用自己的双手制作一页叶片书签。

圆圆的叶子，长长的叶子；
水滴状的叶子，手掌状的叶子；
红色的，黄色的，褐色的叶子；
把他们收集起来放入相框。

果实，种子，你们又在哪里？
带上瓶子，袋子和小筐，
我们去野外收集果实喽！

秋天里，大自然有那么多馈赠，
我们一起去寻找吧！

秋天观察和收集植物会用到的工具

制作树叶标本

◆ 步骤一 采集制作标本的树叶。

◆ 步骤二 准备植物标本夹和吸水的草纸，或者旧书和笔记本也可以。

◆ 步骤三 将植物的叶或花夹在吸水草纸中，展平，用重物压住。

◆ 步骤四 每天更换干燥用的吸水草纸。

◆ 步骤五 待植物标本全部干燥后，用胶带粘贴在标本本中，或制作其它美丽的装饰品。

注意事项：植物标本不能在太阳下晒，这样容易变色，而且干燥后的树叶很脆，容易碰碎，大家要小心哦！

树叶颜色的奥秘

为什么秋天树叶会变色？

为了研究这个问题，我们就需要知道树叶的颜色和什么有关？叶绿素是树叶中一种重要的化学元素，也是产生光合作用的最重要的色素。

当秋天来临时，白天的时间比夏天短，气温也较低，树叶就会停止制造叶绿素，剩余的养分被输送到树干和树根中储存，为冬季做准备。

树叶缺少了绿色叶绿素的生成，已有的叶绿素也被不断的分解，其它化学色素（黄色，红色，褐色等颜色）于是趁虚而入，它们的色彩就在叶片上显现出来，这样就形成了秋季五彩斑斓的树叶。

收藏秋天的树叶

将找到的各种形态颜色的树叶制作成标本，粘贴在这里，做一本属于我的树叶图鉴。

寻找秋天的果实

果实在哪里？
去草地上找一找，
紫花地丁的三瓣形果实中，排列着褐色的小种子；
车前草的果实煮熟了可以治疗咳嗽，清热化痰；
路边苍耳的果实一不小心粘了在了裤管上；
快来一起看，哪个种子跑得最远？

找找看，还有哪些果实在草地上，画一画它们的样子。

寻找秋天的果实

果实在哪里？

抬头看一看吧！

枫树种子的小翅膀已经展开，风一吹像直升机的螺旋桨，转着圈地飞向远方；

梧桐树的果实，毛绒绒，好像一个个小铃铛；

那不是栗子的果实，裂开的果壳露出了藏在里面的几个褐色兄弟；

快快一起来数数，还有什么好吃的果实？

我还找到了这些果实，请画出它们的样子。

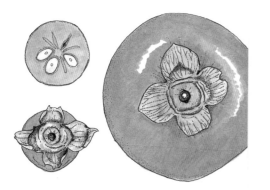

收藏秋天的果实

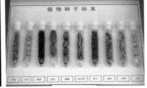

请找到3种乘风飞行的果实和种子，3种豆荚类的果实，4~5种坚果的种子，把它们装进收藏盒吧。

自制收藏盒
照片

比较他们的不同，想想看他们到底蕴含着怎么样的智慧呢？

冬

　　冬天来临，寒冷的北风把最后一片树叶
从树梢吹落到地上。

　　大自然好像进入了睡眠中。

　　那些自然界的小伙伴们都去哪儿了？

　　昆虫们都躲到哪里了？

　　鸟儿们排着队要去什么地方？

　　植物们的叶子落了，它们是死掉了么？

　　小朋友们别着急，

　　走出家门去找一找，

　　你就会发现生命的行踪。

冬季在树叶下栖身的甲虫幼虫

冬季变成蛹过冬的蛱蝶

来找食物的大山雀

被雪覆盖的树枝和树芽

昆虫都去哪儿了

冬天，蜜蜂、蜻蜓和蚂蚱都不见了，连讨厌的蚊子和苍蝇都消失了，它们都去哪儿了呢？

以卵过冬

蝗虫、纺织娘、蚜虫和飞虱等昆虫，是以卵越冬的。每年秋末，成熟的蝗虫在土壤中产卵，它们用粘液将卵包裹，最后再把洞口封好，做成一个不怕霜冻的胶袋，这样就可以保护虫卵度过严寒的冬天。

以幼虫过冬

松毛虫幼虫的身体上有一层密集的短毛，可作为抵抗寒冷的大衣。只要把身体略略收缩，使两侧的毛遮住腹部和足，用绒毛密集的背部作覆盖，便能度过冬天。

以蛹过冬

蛱蝶的幼虫吃饱以后，便爬到灌木丛中的枝条上，吐丝将尾部与枝条牢牢地连在一起，使蛹在枝条上倒悬着。这样的垂蛹好像一枚即将凋落的树叶悬挂在枝条上，它们就这样度过严寒的冬天。

成虫过冬

专吃蚜虫的益虫七星瓢虫就是采用成虫过冬的方式，它们在成虫阶段大量进食，储存能量。冬天来到，它们喜欢挤在温暖的墙缝或木头缝中过冬。蜜蜂也是在蜂箱里互相依偎着，取暖过冬。

你能找到哪些隐藏的昆虫呢?

种类	名字	发现的地点	我的记录
以卵过冬的昆虫			
以幼虫过冬的昆虫			
以蛹过冬的昆虫			
以成虫过冬的昆虫			

鸟儿去哪儿了 - 鸟类迁徙

你已经知道啦，
冬季鸟儿会迁徙，
会从寒冷的北方飞到温暖的南方，
但是对于鸟类迁徙我们还有很多问题。

查一查，记一记：

1. 你知道鸟类迁徙有哪些原因么？

2. 你能拍到过境迁徙的鸟类么？

3. 你能画出白鹤和鸿雁在我国及邻国的迁徙路线么？可以请爸爸妈妈帮忙在相关书籍或者网上查一查。

鸟儿去哪儿了 - 招待冬季的留鸟

冬季的鸟儿也并不是都飞走了，只要温度食物合适，也有留下在本地过冬的鸟儿，它们叫做留鸟。

不过在寒冷的北方，留鸟找食物可不容易，让我们开一场"鸟儿的野餐会"招呼一下冬天的鸟儿吧！

食谱 1

- ◆ 准备一个扁平的纸盒。
- ◆ 在上面放上小米，大米，麦片，或者坚果的果仁。
- ◆ 把纸盒放在阳光敞开的阳台上，或者挂在比较高的树杈上。

食谱 2

- ◆ 找一些水果，比如苹果，橘子等糖分比较高的。
- ◆ 将他们穿在树枝上。
- ◆ 切开一些皮，让果肉暴露出来。

食谱 3

- ◆ 将肥肉切碎，放到锅里加热。
- ◆ 放些杂粮进去搅拌均匀，煮一会儿。
- ◆ 冷却后，将鸟食放进网兜里，挂到较高的树杈上。

注意事项：

尽量不要给鸟儿吃整个的花生，要切碎了再喂它们，因为花生可能会堵住鸟儿的食道。

我的观察日记

记录一下谁来参加宴会了，哪些食物被吃掉的最多？

植物睡着了

树叶都掉光了,
没掉的也变成了难看的深褐色。
它们是死掉了么?
不是的,植物是在冬眠,
它们是在为春天蓄积能量呢!

仔细观察树枝,看看你有什么发现?

树叶凋落后,树叶根部的位置会有一些痕迹,它们叫叶痕,不同植物的叶痕形状很不一样,有的是心形,有的像个小猴脸。

仔细观察,叶痕上面有一些小点点,它们其实是植物输送营养的维管束的痕迹。你看,每种植物的维管束也不一样呢!

叶痕的上方可以找到一个小鼓包,它们是植物的休眠芽。来年春天,叶子或花朵就是从这里发出的。

画下 3 种植物的叶痕,维管束和休眠芽,想想它们像什么?

休眠芽

维管束痕

叶痕

植物睡着了

让我们给休眠芽做个小手术吧，
看看里面到底是什么？

哇！原来休眠芽是一层一层的，好像小朋友在冬天穿的一层层的衣服。

纵向切开，太神奇了，好像一棵小圆白菜，层层包裹的是将来要变成叶子的部分，中心竖直的是要变成树枝的部分

原来它们是春天里新长的叶子和树枝的宝宝啊！

实验1：让我们多找 2~3 种植物的休眠芽做手术，看看它们切开后会是什么样子的？不但要看纵切面，也试试横着切开看一看。

实验2：我们把长了休眠芽的小树枝剪下来，带回家插在水瓶中，放在阳光充足，温度暖和的窗台上，看看过两天会发生什么事情。每天为小树枝拍个照片吧！

总结

经过一年的细致观察，
我已经拥有了一份自己的自然观察笔记啦！
而且我也知道了主要观察工具的使用办法，
真是收获满满的一年啊！

在这一年我最大的收获是：

_____

_____

_____

明年我最想做的自然观察是：

_____

_____

我会运用已知的知识和工具，
继续我的自然观察达人行动。
我会让我身边的朋友们知道，
自然是如此的神奇美妙，
它蕴含着那么多有意思的事情。
只要我们仔细观察，多思考，多问问题，
就能更好地发现和了解它。

爱护自然，从热爱自然开始，
从我们每个人做起！

《长长的小百科》系列

法国瑟伊出版社镇社之宝。独特长开本，安全圆角卡纸设计，带领孩子纸上探索，穿梭于动物、恐龙、世界与城市中，感受大千世界的丰富与奇妙。是送给孩子最棒的礼物书。

《大自然中的美食》系列（全5册）

一套让孩子通过最熟悉的食物接触自然食育的图书。

盛口满的手绘自然图鉴（现有5种）

日本童书研究会选定图书、日本全国学校图书馆协会选定图书、日本图书馆协会选定图书
著名博物学家盛口满的手绘自然图鉴，一堂美不胜收的自然课，为你展现蔬菜、水果、谷物、骨头的秘密和趣闻，以及不可思议的生物进化。

  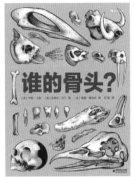  

《动物的朋友圈》

一本有着另类的动物分类法、逗趣动物表情的手绘图鉴！620只动物的趣味认知，41个创意分类的高效记忆，专为孩子设计的动物科学知识！天马行空的想象力，出其不意的吸引力，让孩子轻松了解动物世界的有趣科学。

《微观世界》

兼具科学严谨性和艺术冲击力的纪录片式科普图画书，出版两年即售出多国版权，并获欧洲三大少儿非虚构类图书奖项。带领小读者探索身边的微观世界，认识近100种与我们亲密如斯、共创世界的微型生物，感受世界的多样，向自然之奇、之趣、之美致敬！

《谁的骨头？》

全球授权11个语种，入选2018法国青少年类科学奖。17个骨骼专题，25组逆向思维翻翻页，全新纪录片风格，让孩子带着好奇，探索妙趣横生的骨骼世界！

《蜜蜂》

一本关于蜜蜂王国的全景式图文百科，内容之全面、编排之奇妙、图片之丰富，在6—12岁年龄段的百科读物中可谓空前。本书从蜜蜂自身的特点，到蜜蜂与大自然的联系，再到人工养蜂、保护蜜蜂，本书层层递进，娓娓道来，带领读者漫步蜜蜂王国，让读者流连忘返。

伊甸园小指南系列

培养孩子从小关爱大自然，养成认真记录的科学习惯的少儿科普书。在野外、室内让孩子感受到大自然的美丽与活力的精美自然绘本。方便孩子辨认野生花卉和树木，教给孩子种植植物的技巧。